小牛顿
动物生存高手

小牛顿科学教育公司编辑团队 编著

体型篇

U0346680

扫描二维码回复【小牛顿】

即可观看独家科普视频

北京时代华文书局

目 录
contents

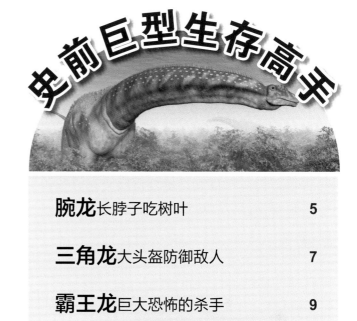
关于这套书

　　大自然奇妙而神秘，且处处充满危机，动物们为了存活，发展出种种独特的生存技巧。捕猎、用毒、模仿，角力、筑巢和变性，寄生与附生的生长方式。这些生存妙招令人惊奇，而动物们之间的生存竞争也十分精彩。

　　《小牛顿动物生存高手》系列为孩子搜罗出藏身在大自然中各式各样的生存高手，通过此书，不仅让孩子认识动物行为和动物生理的知识，更启发孩子尊重自然，爱护生命的情操。

现代巨虫

体型变化高手

▶ 本单元含视频

史前巨型生存高手

　　史前巨兽——恐龙，是存活于中生代的大型动物。恐龙从 2 亿 3 千万年前的三叠纪开始出现，一直存活到白垩纪末期，在这 1 亿 6 千万年间，恐龙的体型演变得越来越巨大，尤其在侏罗纪后期，甚至出现了身长 20 米以上的巨型恐龙。为什么恐龙可以长得如此巨大？都是因为环境。当时的环境温暖、潮湿，而且侏罗纪时，大气中二氧化碳含量高，植物大量生长，食物充足，植食性恐龙长得越来越大，巨大的体型让它们不容易被猎杀，而肉食性恐龙为了猎杀巨大的猎物，因此也变得越来越大，才造就出了巨大恐龙世界。

2亿3千万年前，三叠纪初期，最早的恐龙出现了，开启了恐龙的时代，它们支配了全球的陆地生态系统，时间长达1亿6千万年。但恐龙却在6千5百万年前的白垩纪晚期突然灭绝了，科学家推测可能是因为陨石坠落或者大规模火山爆发，扬起灰尘遮蔽了阳光，植物无法生长，恐龙因此逐渐死亡。

腕龙身长 25 米，像四层楼一样高，曾经被认为是世界上最大的恐龙。但是，随着新化石的发现，超龙、地震龙、阿根廷龙，它们的体型一个比一个巨大。这类巨型恐龙，因为体型巨大，不容易被肉食性恐龙攻击，所以比较不用担心被猎食。

腕龙 长脖子吃树叶

　　腕龙是侏罗纪末期出现在东非、北美洲的大型恐龙。因为腕龙的牙齿长得像一排小铲子，凹面向内，可以推测它是植食性恐龙。腕龙的体长约 25 米，体重约 30 吨，大约和六只大象加起来一样重，是体型最大的恐龙之一。腕龙与其他的蜥脚类恐龙一样，它们为了撑起巨大的身体，四肢非常粗壮，唯一不同的是，腕龙的前肢比后肢还要长，这让它可以抬高长长的脖子，采食到更高处的树叶，因此可以吃到其他矮小的恐龙没办法吃到的食物。而像腕龙一样的长脖子恐龙，同时期还有迷惑龙、梁龙等，而这类恐龙到了白垩纪，还演变出了身长达 35 米的阿根廷龙。

在白垩纪中期出现的阿根廷龙，身长可达 35 米，重达 88 吨，目前是已被发现的恐龙之中，体型最大的恐龙。

三角龙的嘴，前端尖尖的像鸟嘴，后侧还有两排牙齿，适合用来磨碎植物。三角龙眼睛上方的两根角至少有 90 厘米长，可以直接用来攻击敌人。环绕头部的颈盾是一大片骨头，推测除了可用来保护脆弱的脖子外，也可能有调节体温、求偶等功能。

三角龙 大头盔防御敌人

三角龙出现于白垩纪末期的北美洲，是最晚出现的恐龙之一，一直存活直到恐龙灭绝。三角龙身高约为3米，身长约7至10米，体重可达12吨，是角龙类恐龙中体型最大的一种。三角龙是植食性恐龙，身高不算很高，所以是以高度较为低矮的植物作为食物。三角龙体型虽然没有十分的巨大，但靠着它的体型，加上头上可以防御敌人的三根角和巨大的颈盾，肉食性恐龙想要成功攻击它，可没有那么容易。

霸王龙以植食性恐龙为食，它们的身体构造很适合捕猎，咬合力也很大，它们两只眼睛皆朝向前方，显示霸王龙有双眼立体视觉，立体视觉可以帮助它们猎捕猎物。

霸王龙 巨大恐怖的杀手

　　霸王龙是暴龙类的一种，与三角龙相同，是在白垩纪末期出现的恐龙。从霸王龙满嘴的尖牙，可推测它是肉食性的恐龙。霸王龙身长约13米，身高约5到6米，是目前已知的肉食性恐龙中体型最大的。霸王龙的前肢短小，几乎没什么功用，但它拥有强壮有力的后腿，以及粗壮的尾部，让它在奔跑时可以保持身体平衡。霸王龙体型大，加上咬合力强大的双颌，让它可以猎杀体型比较大的植食性恐龙，获取更多的食物。

现存动物巨无霸

大型恐龙所统治的时代结束后，进入了哺乳类动物兴盛的时代。哺乳类动物并没有像恐龙一样，演化出如此惊人、庞大的体型。虽然现在陆地上没有像霸王龙、腕龙等一样巨型的动物，不过现在地球上，仍旧有一些巨无霸动物的存在，它们也有着令人惊叹的大尺寸身形，并靠着体型的优势，成功在大自然中占有一席之地。

扫描二维码回复【小牛顿】

即可观看独家科普视频

蓝鲸是海洋哺乳类动物，也是目前地球上体型最大的动物，长约 30 米，重达 200 吨。因为有大海的浮力，帮蓝鲸支撑它的体重，所以蓝鲸才能够长的如此巨大，并且可以轻松地在大海中遨游。它会用鲸须滤食磷虾及其他小型海洋生物。

鲸鲨栖息在热带及温带海域，是体型最大的鱼类，长达13米，重达21吨。

鲸鲨 海洋中的温柔巨人

鲸鲨又名豆腐鲨,平均体长约10米,体重约9吨,是目前地球上最大的鱼类。鲸鲨虽然是一种鲨鱼,体型又很大,但是它却一点也不凶猛,它张开的大嘴不是用来咬住猎物,而是用来滤食海水中的浮游生物和小鱼虾,它会先张嘴吸进一大口海水,再闭上嘴巴,从鳃排出海水,将食物留在嘴里吃掉。鲸鲨虽然非常温和,游泳速度也很慢,但是巨大的体型让它几乎没有天敌,只要成功长大,就可以无忧无虑地在海中生活。

鲸鲨的大嘴宽达1.5米,里面有超过3千颗的牙齿,但是这些牙齿都已退化,变得细小没有功能,所以鲸鲨并不用牙齿捕食,而是滤食海水中的小生物,它最喜欢吃磷虾。

大象不只是巨无霸，也是大力士，它的力气很大，可以轻松推倒树木，再享用树顶上美味的嫩叶。

14

非洲象 地表最大家族

　　非洲象是目前陆地上体型最大的动物，成年雄象的身高可达 4 米，体重约 4～5 吨，是非洲草原上的霸主。非洲象不只体型大，它还有巨大的耳朵、长牙和长鼻子。非洲象巨大的耳朵帮助它在炎热的天气下快速散热，还可以当作扇子扇风。长长的鼻子功能更是多，拥抱、吃树叶、喝水、洗澡，都靠这根粗壮有力的鼻子。雄象与雌象都有巨大的象牙，象牙会不断长长，是它攻击和防御的武器。非洲象体型大，加上具有破坏力的象牙及象鼻，连狮群都不敢随便接近它们。

非洲象是群居动物，非常团结，它们会一同保护小象，不让狮子和鬣狗有机会攻击。非洲象共同护幼的行为，让它们的后代能够安全长大。

长颈鹿因为腿和脖子都很长，平常走路的时候，是同一边的腿一同迈出，同手同脚地向前走，移动速度不快，不过若是遇到危险，奔跑速度可以达到时速 60 千米。

长颈鹿 踩高跷吃树叶

　　长颈鹿是非洲特有的动物，也是现今陆地上最高的动物。雄长颈鹿最高可超过 5 米，体重达 900 千克。长颈鹿的长腿和长脖子，让它可以吃到高处的树叶，不用与斑马、羚羊等其他植食性动物争抢食物，这让长颈鹿在食物有限的非洲草原上占有生存优势。长得高虽然可以吃到树叶，但是却很难喝到地面上的水，长颈鹿必须把前腿张得开开的，降低身体，才有办法低头喝到水，这个动作不容易立刻站起来，所以喝水时，得随时提高警觉，避免敌人突然出现。

鸵鸟的视力极佳，大眼珠直径5厘米，是所有陆生动物中最大的，还有浓密的黑色长睫毛阻挡刺眼阳光，加上高挑的身材让鸵鸟可以看得很远，让它们更容易发现掠食者的踪迹，及时躲避危险。

鸵鸟 最会奔跑的大鸟

　　鸵鸟是世上现存最大的鸟类，雄鸟可以高达 2.5 米，重达 155 千克。巨大体型让鸵鸟失去了飞行能力，无法像一般鸟类，可以飞到空中躲避敌人。不过，鸵鸟有着一双强壮的长腿和抓地力强的脚趾，让它可以跑得很快，最高时速可达 80 千米，奔跑速度可名列世界前几名，非洲猎犬和狮子都追不上它，只有猎豹有机会捕捉到鸵鸟。鸵鸟也会用强壮的大脚反击敌人，万一被鸵鸟的大脚给踢个正着，可是有生命危险的。鸵鸟的体型巨大，加上跑得快这些优势，都让鸵鸟能在残酷的非洲草原上存活下去。

鸵鸟和其他鸟类一样，拥有中空的骨骼，因此体重较轻，可以跑得更快。

19

咸水鳄庞大的身躯，就是它最大的武器。咸水鳄会埋伏在水中，然后从水中冲出咬住猎物，并将猎物拖进水中溺死，然后咬着猎物在水里快速翻转，将猎物的身体撕裂开来，鳄鱼就能大快朵颐了。

鳄鱼 水中的巨大爬虫

　　鳄鱼是一群凶狠的大型掠食动物，其中又以咸水鳄的体型最大。雄咸水鳄体长约为 5 米，体重约 300 至 400 千克，是地球上最大的爬虫类动物。大部分的鳄鱼喜欢栖息在河流、池塘与沼泽中，肚子饿的时候，就静静地躲在水面下，只露出眼睛和鼻孔，仔细地盯着前来水边喝水的动物，一旦有动物靠得够近，鳄鱼会瞬间冲出水面，用长满尖牙的大嘴咬住猎物，利用庞大的身躯及强大的力量，将猎物拖进水里吃掉。

昆虫与蜈蚣等部分节肢动物，是靠着体内的气管，与外界相通来呼吸，但是它们无法主动将空气吸进来，氧气只能靠扩散进入身体。在含氧量高的石炭纪，因为有充足的氧气，因此它们可以发展出比较大的体型。

现代巨虫

　　现在的节肢动物，例如昆虫与蜈蚣等，体型皆不大。但是，在三亿年前的石炭纪，可是曾经存在着许多超级巨大的节肢动物，当时最大的蜻蜓，展翼可达75厘米宽，还有长180厘米、长得像蜈蚣的巨型节肢动物在地上爬。这是因为石炭纪时的大气中，含氧量比现在还高，所以才能让这些节肢动物长得这么巨大。虽然这些巨大的节肢动物已不复存在，但是在地球上某些地方，因为环境适宜，还是有体型相对比较大的巨虫生存着。

长戟犀金龟 是巨人也是大力士

生活在中南美洲热带雨林中的长戟犀金龟，属犀金龟科巨型甲虫。一般常见的犀金龟，长度约8厘米，长戟犀金龟比一般常见的犀金龟要大上2倍，雄虫约有18厘米长。雄虫的头部有着长长的犄角，犄角是它求偶、繁殖的重要工具，能够将竞争对手举起再丢下，夺得美人芳心。它能够举起自身体重850倍的东西，是世界上力气数一数二大的动物。它凭借巨大的体型、坚固的厚甲和长长的犄角抵御天敌，一般鸟类或小型蜥蜴都不敢招惹它们。它的体型也让它在与同类的竞争上，拥有极大的优势，能战胜其他甲虫，获得更多的食物和生存空间。

长戟犀金龟的体型很大，是一般犀金龟的2倍大，雄虫最为显眼的就是头前方长长的犄角，而雌虫并没有犄角。它们连幼虫也很巨大，幼虫生活在土里或腐木中，幼虫期长达两年，会越长越大，最大可达11厘米，重量超过100克。

一般犀金龟

泰坦大天牛 神秘的大虫

　　泰坦大天牛生长在雨林地区，是天牛中体型最大的。泰坦大天牛体长将近17厘米，再加上它长长的触角，身长可以达到20厘米。泰坦大天牛因为身体太大、太重，所以没有办法飞行，不过体型大，也让能猎食它的掠食者比较少。泰坦大天牛拥有力量很强大的大颚，不过大颚并不是拿来进食用，而是它用来防御的武器。泰坦大天牛靠着庞大的体型，加上强而有力的大颚，让它拥有的生存优势更明显。

星天牛

泰坦大天牛不像其他种类的天牛会以树叶或树汁为食，它们完全不用进食，只要消耗幼虫期储存的养分，就可以存活一段时间。变成成虫后，所有精力都拿来寻找伴侣，交配后很快就会死亡。

照片以真实大小呈现，误差为1厘米

歌利亚大角花金龟 最重的飞虫

　　生活在非洲的歌利亚大角花金龟，是最大型的金龟子之一，因此用巨人"歌利亚"来为它命名。它也是世界上最重的甲虫之一，因为它的胸板和背板特别厚，让它的体重达50克，比麻雀和小老鼠还重，停栖时甚至会使树枝下垂。要长得这么大，就得在幼虫期多累积营养，因此，歌利亚大角花金龟的幼虫身体很长，可以长到比成人的手掌还长，重量可达100克，是成虫的两倍。歌利亚大角花金龟虽然很重，但是仍然能够飞行，是目前世界上能飞行的甲虫中体重最重的。

歌利亚大角花金龟身长没有很长，不过还是可以长到 11 厘米。比一般的金龟子大了 5 倍左右。

一般的金龟子

照片以真实大小呈现，误差为 1 厘米

扁竹节虫 最会躲藏的大虫

　　生活在马来西亚热带雨林里的扁竹节虫,它们有着又大又重的腹部,是世界上数一数二重的昆虫,雌虫的体型比雄虫大,可重达65克,体长可达25厘米。扁竹节虫有着像树枝与叶片的外形,可以模仿树枝及叶片,躲藏在其中,避免被敌人发现。尽管扁竹节虫比其他竹节虫大很多,以它为食物的掠食者不多,然而它模仿树枝的能力仍然一流,还会模仿树枝摇晃的模样。扁竹节虫不只靠巨大的体型让掠食者吃不了它,若不小心被发现,它身上还有尖刺,可以防御敌人攻击。

扁竹节虫体型虽然很大，不过只要它静止不动，与环境融为一体，仍然很难被发现。扁竹节虫的脚有10厘米长。雌扁竹节虫的翅膀很小，无法承受身体的重量，所以没有办法飞行。

照片以真实大小呈现，误差为1厘米

皇蛾蛾中之王

在东南亚的热带雨林里,有一种全世界最大的蛾——皇蛾,张开翅膀有30厘米宽,体型如小型鸟类一般大。巨大的体型可以吓阻鸟类和其他动物,让它们以为皇蛾不是好惹的。皇蛾的巨大体型看似拥有很多好处,但是,要长得这么大,就得在幼虫期多吃点,因此皇蛾只能生存在食物充足的热带雨林。而且,一般的蝶和蛾的幼虫,只要不到一个月,就可以羽化为成虫,但皇蛾的幼虫期却长达两个月!接下来还有四个礼拜的蛹期,因此一年只能繁殖两代,而且在这段时间里,皇蛾的幼虫对掠食者来说可是肥滋滋的美食,只有少数皇蛾的幼虫,能够成功长大,羽化为成虫。

皇蛾的翅膀图案十分华丽,前翅末端的图案看起来很像是蛇的头部,可以让敌人以为它是蛇,因而不敢靠近。

照片以真实大小呈现，误差为 1 厘米

33

鸟翼蝶 蝴蝶中的巨人

鸟翼蝶属于蝴蝶家族中的巨人，它们的体型，大部分都比其他一般蝴蝶要大上好几倍。鸟翼蝶中还包括了世界上第一、第二大的蝴蝶——亚历山大鸟翼凤蝶及歌利亚鸟翼凤蝶。亚历山大鸟翼凤蝶的雌蝶体型比雄蝶大，雌蝶的翅膀，展开有将近31厘米宽，歌利亚鸟翼凤蝶的翅膀展开则有28厘米宽。鸟翼蝶以花蜜为食，它们宽大的翅膀，让它们具备卓越的飞行能力，可以长途飞行，而且不易被天敌捕捉。体型巨大，也使得捕捉它们的天敌比较少。

黄裳凤蝶也是属于鸟翼蝶的一种，体型虽然没有像亚历山大鸟翼凤蝶这么大，但体型也比一般蝴蝶大了2倍以上。

桦斑蝶

歌利亚鸟翼凤蝶

鸟翼凤蝶虽然有体型大的优势，但是体型大就需要更多的食物才能生存，繁殖速度也比较慢，因此它们在大自然中非常稀少，歌利亚鸟翼凤蝶只有在新几内亚、印度尼西亚小岛的雨林中才能看得到。亚历山大鸟翼凤蝶则只生活在新几内亚东部的雨林中。

照片以真实大小呈现，误差为1厘米

食鸟蛛致命八脚怪

　　食鸟蛛是蜘蛛的一种，其中有一些种类的食鸟蛛，长得特别巨大，例如生活在亚马孙丛林中的巨人食鸟蛛，又被称为亚马孙食鸟蛛，张开两侧的脚可达 30 厘米宽，还有巨大的毒牙。食鸟蛛是利用体型优势来捕食，它不像其他蜘蛛一样会设陷阱抓猎物，而是直接靠巨大的身体来制服猎物，几乎可以捕捉任何昆虫，大型的食鸟蛛，甚至可以杀死小型鸟类、蜥蜴和老鼠。食鸟蛛身上的厉害武器还不只是毒牙，它的腹部布满螯毛，像一根根的迷你毒叉。当它遭遇威胁时，螯毛会竖起，有些种类还会用脚把螯毛踢出，射向敌人。万一被它的螯毛螫到了，皮肤会有剧烈的灼热感，因此几乎没有动物敢随便攻击它。

巨人食鸟蛛的寿命很长，可以活二十多年。巨人食鸟蛛曾被以为是世界上最大的蜘蛛，不过这个纪录已经被委内瑞拉食鸟蛛给超越了，未来可能还会发现体型更大的蜘蛛。

巨人食鸟蛛

马陆 落叶堆里的常客

　　马陆身体有分节，每一节都有两对短短的脚。马陆的身体总共超过二十节，所以它的脚非常多，又被称为千足虫。马陆广泛分布在全世界，种类非常多，超过一万种，小型的马陆和铅笔芯差不多粗，长度不到 3 厘米，而马陆中体型最大的种类，身体比人类的手指还要粗，体长则可以达到 30 厘米。马陆全身覆盖着坚硬的外壳，加上身体两侧的臭腺，吃它的动物本来就不多，大型马陆的巨大体型，让掠食者更是难以下咽。不过体型大，相对也需要更大的生存空间，以及更多的食物。

照片以真实大小呈现，误差为 1 厘米

非洲巨人马陆是目前已知最大的马陆，体长约 30 厘米，有 256 条腿。

非洲巨人马陆

马陆喜欢生活在潮湿的地方，它的食物是枯枝落叶。马陆一旦受到惊扰，就会把身体蜷缩起来，一动也不动，直到危险过去。

39

北极熊是熊族中体型最大的熊，因为身体大，表面积小，身体的热不容易散出，加上有厚厚的脂肪，才能在寒冷的北方生活。棕熊也是居住在纬度比较高的地方，所以体型也很大。亚洲黑熊主要栖息在温带及亚热带地区，体型略小，而熊族中体型最小的马来熊，则是生活在热带地区。

北极熊

棕熊

亚洲黑熊

马来熊

体型变化高手

　　有些种类的动物，例如猫科动物、熊科动物，等等，它们在地球上许多角落都可以生存，但是在不同地区，因为当地环境的差异，让它们的体型出现了很大的不同。例如，生活在密生丛林中的猫科动物，通常体型都不大，而生活在非洲大草原的猫科动物，体型通常相对比较大。而熊的体型则是随着纬度变化，栖息地的纬度越高，气候越寒冷，熊的体型就越大，这是因为体型越大，身体表面积相对就比较小，身体热量比较不容易散出，有利于保暖，反之，体型越小则越有利于散热。动物所呈现出来的体型，都是适应了当地的气候或是地形所演变出来的结果。

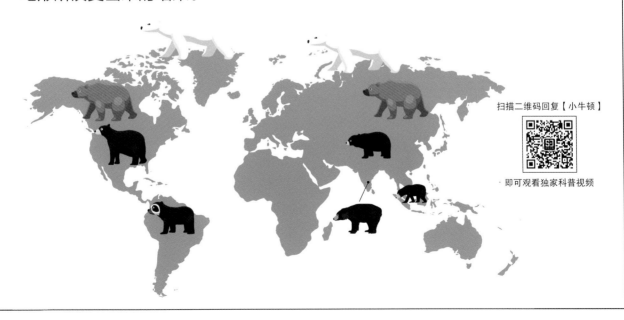

扫描二维码回复【小牛顿】

即可观看独家科普视频

北极熊·棕熊 熊族大块头

　　北极熊是世界上最大的熊，几乎没有天敌，巨大的体型加上厚实的脂肪和毛发，让北极熊可以在天寒地冻中求生存，巨大的体型也让不会抓鱼的北极熊，可以猎食海豹，在食物稀少的北极不饿肚子。

　　棕熊的体型仅次于北极熊，栖息地横跨亚洲、欧洲和美洲，从荒漠到森林都可以看到它们，对环境的适应力很强，是世界上数量最多的熊。别看棕熊的体态丰腴，它们可是灵活的狩猎高手，可以短距离追逐猎物，它们巨大且强而有力的前肢，可以一掌打死一头大型鹿。棕熊的食物来源很多，到了鲑鱼回游的季节，它们会聚集在河口和瀑布捕鱼。果实成熟的时候，棕熊也会四处寻找莓果来吃。花样百出的猎食方式，为的都是在冬天来临之前，储存足够的脂肪，以度过寒冷冬天的冬眠期。

北极熊体重可超过 700 千克，用后脚站立时，高度超过 3 米，是完全的肉食性动物。

棕熊体重可达 680 千克，站立起来的身高接近 3 米，体型仅次于北极熊，是杂食性动物。

黑熊 森林中的熊

　　黑熊主要可以分为较大的美洲黑熊和较小的亚洲黑熊。黑熊的体型又比棕熊要小一些，而且生活的地区气候较温暖，只有住在纬度较高地区的黑熊，冬天的时候才需要冬眠。黑熊喜欢生活在森林里，稍小的体型让它们可以轻松爬树，能吃到树上的嫩叶和果实，它们也爱吃蚂蚁、蜜蜂等昆虫，遇到好机会时也会猎杀中小型动物，或吃动物尸体，只要是能够填饱肚子的食物，黑熊一个都不放过。

亚洲黑熊体长约 1.5 米，体重约 100 多千克，胸前的弯月形白斑是它们最大的特征。

美洲黑熊的体长可超过2米，雄性的体重可超过200千克，也有能力杀死鹿，但是它们并不常攻击其他动物。

懒熊 吃昆虫的熊

懒熊生活在气候炎热的印度一带，体长约 1.4 ~ 1.9 米，体重约 100 千克，体型与黑熊差不多。懒熊有一身长而蓬松的毛发，让它们看起来懒洋洋的，但其实它们每天都在勤奋地寻找食物，它们的食物来源也很广泛，植物、蜂蜜、小型动物都可能成为它的一餐，但它们最爱吃的还是蚂蚁和白蚁，而它们前脚掌的长爪子，正适合用来挖掘蚁巢，即使是坚硬的土制蚁巢，懒熊靠着强壮的前肢，照样可以大肆破坏一番。

懒熊有长长的爪子和长鼻子，很适合用来挖掘昆虫。它们会用爪子破坏蚁巢，然后再大吃逃出来的白蚁。

懒熊的胸前也有弯月形的白斑。

懒熊比较喜欢在夜间活动，以避开炎热的白天，不过有时白天也会出来活动。

马来熊 树梢上的小个子

　　马来熊生活在东南亚的热带雨林里，是熊家族中体型最小的成员，成年马来熊的体长只有1米多，体重大约只有30到60千克。马来熊的体型不像其他熊这么巨大，体内的热就比较容易从皮肤散出去，如此一来，在炎热的赤道地区，也不太会有过热的问题。但是体型小，就没办法像其他大型熊一样，成为丛林中的杀手，但是，马来熊有着较轻盈的身体，因此是熊家族中最厉害的爬树专家，主要的食物是昆虫和水果，也爱吃蜂蜜。

马来熊很会爬树，因为热带地区天气太过炎热，白天时，它们经常倒头就睡在树上，同时也避免被地面上的掠食者攻击，等到夜晚天气转凉，它们才会起身觅食。

马来熊的舌头可以伸缩，最多可伸长至 25 厘米，方便用来获取蜂巢中的蜂蜜，也是好用的捕虫工具。

东北虎 丛林之王

　　东北虎栖息在中国东北、朝鲜半岛、俄罗斯东南部等寒冷地区，是现今地球上体型最大的老虎，也是体型最大的猫科动物，体长超过3米，体重可达300千克，是名副其实的丛林之王。如此庞大的身躯却不会让东北虎显得笨重，它们一跃可跳8米远，还可以轻松地跳过3米高的障碍物。东北虎是夜行性的，白天时喜欢在岩洞或草丛中休息，晚上才会起身猎杀鹿、野猪等动物，体型较大的东北虎甚至还可以杀死棕熊。

> 东北虎生活的地方，冬天非常寒冷，因此，东北虎到了冬天会换上一身厚实的皮毛，来抵御酷寒的天气。到了夏天又会再掉毛，并长出适合夏天天气的皮毛。

东北虎的领域范围很广，一只雄东北虎，就需要 60 ~ 100 平方千米的地盘，才能猎捕到足够的食物。

狮子·花豹 草原猎人

　　非洲草原一望无际，看上去最多的动物都是大型草食动物，不过，要猎捕这些庞然大物，可不是一件容易的事情。狮子被人称为万兽之王，是体型仅次于老虎的大猫，它们过着团结的群体生活，在草原上利用埋伏、追逐、包围等方法，猎食大型草食动物。

　　花豹的体型比狮子小，又过着独居生活，因此，花豹必须更小心地进行埋伏，甚至躲在树上，等其他动物经过，再一跃而下，扑倒猎物，尽可能提高狩猎的成功概率。花豹也因为体型不够大，辛苦抓到的猎物，可能会被狮子和鬣狗抢走，因此花豹会把猎物拖到树上，再慢慢享用。

> 狮子的体长可达 3 米，体重可达 200 千克。狮子是群体生活的猫科动物，狮群中通常是雌狮子负责捕猎。

花豹的体重约 30 ~ 80 千克，身长约 1 ~ 2 米，体型比狮子娇小。花豹猎捕的对象，通常是比较小型的猎物，例如羚羊。花豹是爬树高手，进食和睡觉的时候，都是待在树上。

云豹在猫家族中属于中等体型，它们毛皮上的花纹如云一般，非常美丽。云豹会在树枝间行走、跳跃，捕捉猎物。

云豹·豹猫 丛林猎手

　　云豹生活在东南亚的热带雨林里，体重约 30 千克，体长约 1 米。云豹的尾巴就占了体长的一半，这条长尾巴是爬树时的平衡工具，加上较短的腿和较大的脚掌，云豹因此拥有极佳的爬树能力，也能在树枝间跳跃，可以猎食长臂猿、猕猴等树栖动物。

　　豹猫又称为石虎，从东亚到南亚都可以看见它们的踪迹。豹猫的体重约 1～7 千克，体长约 60～100 厘米。它们迷你的体型，加上长而粗的尾巴，让它们能轻松地在枝头间跳跃，捕食老鼠、鸟、蜥蜴、鱼以及小型哺乳类动物。

豹猫是夜行性动物，它们白天时都躲在树洞、地洞或山洞中睡觉。

图书在版编目（CIP）数据

动物生存高手. 体型篇 / 小牛顿科学教育公司编辑团队编著. -- 北京 ： 北京时代华文书局，2018.8
（小牛顿生存高手）
ISBN 978-7-5699-2489-3

Ⅰ. ①动… Ⅱ. ①小… Ⅲ. ①动物－少儿读物 Ⅳ. ①Q95-49

中国版本图书馆CIP数据核字(2018)第146519号

版权登记号 01-2018-5058

文稿策划：蔡依帆、刘品青、廖经容
图片来源：
Shutterstock：P10～21、P23～56
iStock：P6三角龙头骨
插画：
Shutterstock：P2～9、P13、P22、P41、P42、P44、P46、P48、P50、P52、P55

动 物 生 存 高 手　　体 型 篇
Dongwu Shengcun Gaoshou Tixing Pian

编　　著｜小牛顿科学教育公司编辑团队

出 版 人｜王训海
选题策划｜王训海
责任编辑｜许日春　沙嘉蕊
装帧设计｜九　野　孙丽莉
责任印制｜刘　银

出版发行｜北京时代华文书局 http://www.bjsdsj.com.cn
　　　　　北京市东城区安定门外大街138号皇城国际大厦A座8楼
　　　　　邮编：100011　电话：010-64267955　64267677
印　　刷｜小森印刷（北京）有限公司　010-80215073
　　　　　（如发现印装质量问题，请与印刷厂联系调换）
开　　本｜889mm×1194mm　1/20　印　张｜3　字　数｜37.5千字
版　　次｜2018年8月第1版　　印　　次｜2018年8月第1次印刷
书　　号｜ISBN 978-7-5699-2489-3
定　　价｜28.00元